AF325073

LETTRE

DE

M. DEROMÉ DELISLE,

A M. BERTRAND.

SUR

LES POLYPES D'EAU-DOUCE.

A PARIS;

Chez **LACOMBE**, Libraire, Quai de Conti.

M. DCC. LXVI.

Avec Approbation & Permission.

POLYPES

D'EAU-DOUCE.

LETTRE

De M. Deromé Delisle, à M. Bertrand ; contenant une nouvelle maniere d'envisager les manœuvres, la génération & la nature des Polypes d'eau douce.

Hydra
Vulneribus fæcunda suis. Ovid. Metam. l. 9.

MONSIEUR,

Les nouvelles découvertes sur l'origine & la formation du Corail nous apprennent combien il faut de siécles pour parvenir à dévoiler les secrets de la Nature, & prouvent en même tems de quelle importance il est de réitérer les expériences & les observations que l'on croit les mieux faites & les mieux attestées.

Cent ans d'expériences faites avec toute l'exactitude & la sagacité possibles, par un Swammerdam, un Boccone, un Marsigly, n'avoient fait trouver dans le Corail qu'une *humeur épaisse*, du *lait*, ou des *fleurs*. Les uns le rangerent dans la classe des végétaux ; les autres le regarderent comme une de ces productions pierreuses, formées par la mer, & lui donnerent place dans le regne minéral ; mais ce sentiment eut peu de sectateurs. L'organisation qu'on voyoit dans le Corail, fit qu'on s'en tînt au premier, auquel le Comte de Marfigly avoit donné un degré de probabilité qui enleva tous les fuffrages. On crut qu'il n'étoit pas poffible à l'œil humain de pénétrer plus avant dans l'abyme de la Nature.

On étoit alors bien éloigné de penfer que le Corail appartînt au regne animal. M. Peyffonel hazarda le premier cette conjecture, fondé fur les réfultats chymiques que lui donnerent les prétendues fleurs du Corail ; réfultats qu'il trouva abfolument femblables à ceux des autres fubftances animales décompofées. Il ofa donc avancer, d'après cette unique expérience, que ce qui avoit été pris jufqu'alors pour des fleurs, étoit de vrais animaux. Cette idée commença

par révolter tous les Physiciens préoccu-
pés de l'ancien système ; mais le célébre
M. de Jussieu ayant soumis le Corail à
un nouvel examen, ne put s'empêcher
de convenir de la vérité de cette asser-
tion, & les expériences qu'il fit pour
s'assurer de l'existence de ces petits animaux qu'il nomma *Polypes*, furent faites avec tant de soin, que personne ne
douta plus de la réalité de cette décou-
verte.

Peu de tems après, un curieux (1) scru-
tateur de la nature, trouva par hazard dans
nos étangs & nos viviers des animaux à
peu près semblables à ceux qu'on venoit
de découvrir sur le Corail. Il y fut trompé
le premier, & les annonça à l'Académie
des Sciences pour une nouvelle plante

(1) M. Trembley.

aquatique ; mais il ne tarda pas à sortir de l'erreur où il étoit : ses observations assidues lui firent appercevoir dans ces prétendues plantes un mouvement & des manœuvres qui déceloient quelque chose au-dessus du végétal. Il redoubla d'attention, & suivit ces petits animaux de si près, qu'il fut bientôt en état de les faire connoître au Public sous le nom de *Polypes d'eau-douce*. Tous les Philosophes coururent admirer un animal qui offroit plusieurs phénomènes singuliers, & qui sembloit avoir quelque rapport avec ceux qu'on venoit de découvrir sur les Madrépores & le Corail.

Les observations de M. de Jussieu sur les Polypes d'eau-douce, furent aussi favorables à M. Trembley, que celles qu'il avoit faites sur les Polypes du Co-

rail l'avoient été à M. Peyſſonel. L'il-
luſtre M. de Réaumur y joignit les ſien-
nes, & en tira une induction pour les
autres plantes marines, ſur l'origine
deſquelles M. Elliſſ acheva de diſſiper
tous les doutes.

C'eſt ainſi, Monſieur, qu'on a dé-
couvert de nos jours, à l'aide de l'analogie & de l'expérience, ce que l'expérience ſeule, jointe aux obſervations
les plus opiniâtres, n'avoit pas même
fait entrevoir aux Naturaliſtes du dernier ſiécle. Toutes les prétendues plantes marines, comme Coraux, Madrépores, Lithophytes, Corallines, &c.
furent exclues du regne végétal, pour
prendre le nom de *Polypiers*, c'eſt-à-
dire, logemens faits & habités par des
Polypes ; mais ce n'eſt point de ce genre

de Polypes dont il va être queſtion dans le courant de cette Lettre : je ne vous en ai parlé qu'à cauſe de l'intime liaiſon qu'ils me paroiſſent avoir pour l'organiſation intérieure avec ceux dont je vais vous entretenir.

Quoique les Polypes d'eau-douce aient été totalement ignorés juſqu'au rems où M. Trembley les tira du fond vaſeux de nos marais, cet habile Obſervateur les a examinés avec tant d'intelligence & de ſagacité, qu'on croiroit ne pouvoir rien ajouter à ſes recherches. Il les a ſuivis dans tous leurs mouvemens, dans toutes leurs périodes, & leur a fait ſubir mille métamorphoſes, toutes plus ſurprenantes les unes que les autres. Il réſulte de ſes expériences que le Polype d'eau-douce eſt un animal

d'un genre tout particulier, qui se ré-
produit & se multiplie par la section ;
un animal dont le corps se subdivise en
plusieurs ramifications qui sont autant
de générations différentes unies en même tems à la même souche ; un animal
enfin qui mange & qui digère sans aucune des parties vitales intérieures dont
les autres animaux sont pourvus.

Une suite de phénomènes si extraordinaires mérite bien qu'on examine encore
de plus près, s'il est possible, l'animal sin-
gulier qui nous les offre. M. Trembley
ne se seroit-il pas trop pressé de pronon-
cer ? Il y a bien de l'apparence que ces
Polypes, qu'il a pris pour de véritables
animaux, ne sont en effet que le sac ou
le fourreau qui contient des animaux infiniment plus petits, & que ce qu'il a pris

pour un individu, eſt une famille très-
nombreuſe, réunie ſous le même toît.
Les opérations particulieres de chaque
animalcule lui ont échappé ; il n'a vû
que le réſultat de leurs manœuvres, ou
plutôt il n'a vû que celles du fourreau
qu'ils habitent, & auquel ils communiquent les divers mouvemens qui nous
frappent, & qui le lui ont fait prendre
pour un être animé.

Je n'ignore pas que nous avons des
exemples d'animaux, envers qui la Nature ſemble être ſortie des regles ordinaires. Les uns, comme les Crabes,
peuvent ſe redonner certains membres
dont quelque accident les auroit privés ;
d'autres, tels que les Pucerons, paroiſſent n'avoir pas beſoin de l'union des
deux ſexes, pour produire leur ſembla-

ble ; il n'eſt pas même encore bien dé-
cidé qu'il y ait deux ſexes parmi eux,
tous ayant l'admirable propriété de mettre au monde des petits vivans qui, au
bout de quelques jours, en reproduiſent
d'autres doués de la même faculté générative.

Ces faits, tout ſurprenans qu'ils ſont,
ont été vérifiés avec trop de ſoin pour
en pouvoir douter ; ils forment même
un puiſſant préjugé en faveur des Polypes ; car, puiſqu'il exiſte des êtres qui
ſe donnent la vie d'une façon ſi contraire
à toutes celles que nous connoiſſions,
& que d'autres peuvent reproduire en
eux des membres qu'on leur auroit retranchés, pourquoi les Polypes ne pour-
roient-ils point réunir, en un plus haut
degré, ces deux merveilleuſes propriétés,

comme tant d'expériences faites avec
tout le soin imaginable semblent nous
le perfuader ?

Mais ce font ces expériences mêmes
& ces obfervations qui me donnent lieu
de douter que le Polype d'eau - douce
foit un animal tel qu'on voudroit nous
le faire accroire. C'eft d'elles dont je
veux me fervir pour le dépouiller du
faux merveilleux dont on l'a enveloppé ;
il ne faut, pour s'en convaincre, que
parcourir en peu de mots fon hiftoire.

On diftingue trois efpèces de Polypes
d'eau-douce, dont les différences fpéci-
fiques ne font rien à mon fujet : ainfi ce
que je dirai de l'une doit auffi s'entendre
des autres.

» Le corps du Polype n'eft qu'un ca-
» nal ou une efpèce de fac creux, ter-

» miné d'un côté par un orifice que l'on
» appelle *bouche*, autour de laquelle
» sont des filamens plus ou moins longs
» suivant l'espèce, & qui lui servent
» de *bras* pour saisir sa proie, ou de
» *jambes* quand il veut marcher ; l'au-
» tre extrémité de son corps est fermée,
» & c'est ce qu'on nomme sa *queue* ;
» l'espece de gaîne, comprise entre ces
» deux extrémités, est son *ventre* ou
» son *estomac*, ce qui est ici la même
» chose. On n'y a remarqué aucune des
» parties vitales intérieures dont les au-
» tres animaux sont pourvus ; tout ce
» que l'on a pû voir, c'est que ce sac,
» depuis son orifice jusqu'à l'autre ex-
» trémité, est le canal où sont reçus les
» alimens, & où ils sont ensuite broyés
» & digérés... Il doit donc y avoir dans

la

» la peau de cet eftomac, difent les Ob-
» fervateurs, des parties qui reçoivent
» le fuc nourricier ; il doit encore s'y
» trouver tous les organes requis pour
» opérer la nutrition & l'accroiffement,
» fans parler de tous ceux qui font né-
» ceffaires pour produire leurs différens
» mouvemens, comme des mufcles,
» des nerfs, la circulation des liqueurs,
» le cours des efprits, la génération. Je
» ne vois point de difficulté de croire
» que toutes les parties qui fervent au
» jeu de la machine, font contenues dans
» l'épaiffeur des chairs «. (Bazin. Lett.
fur les Polypes d'eau-douce.)

Il feroit en effet bien difficile de nous
perfuader qu'un animal, tel qu'on vient
de le dépeindre, pût exécuter les divers
mouvemens que nous lui voyons pro-

B

duire, s'il n'y avoit autre chofe que ce
fac creux qui s'offre à nos premiers re-
gards, lequel eft dépourvu de tous les
refforts qui mettent en jeu la machine
animale. Il eft donc indifpenfable de
conclure que ces refforts font contenus
dans les chairs de cet infecte, ou plutôt
dans l'épaiffeur de la peau qui forme ce
fac. Or voyons ce qui s'y trouve.

» Ces chairs, continue M. Bazin,
» préfentent une fingularité qui mérite
» d'être remarquée. Quand on confi-
» dère au microfcope les deux fuperfi-
» cies, l'extérieure & l'intérieure, elles
» paroiffent toutes couvertes de *petits*
» *grains* : on en trouve auffi dans l'é-
» paiffeur. Ces grains *ne paroiffent point*
» *adhérens à la fubftance de l'animal* ;
» ils s'en détachent facilement. Lorf-
» qu'on coupe fa peau, tous ceux qui

» font vers les bords coupés, fe répan-
» dent comme les grains d'un chapelet
» défilé. Je ne faurois vous dire, ajoute-
» t il, ce que c'eft que ces grains ; je
» ne puis que foupçonner leur ufage :
» il eft certain qu'ils en ont un, & même
» bien effentiel ; car une indication pref-
» que affurée d'une *maladie mortelle*
» *pour le Polype, c'eft la perte de fes*
» *grains.* Il arrive affez fouvent qu'ils
» fe détachent d'eux-mêmes en grande
» quantité : alors le Polype change de
» figure ; il fe raccourcit, fe renfle ; fes
» bras deviennent monftrueux ; il de-
» vient blanchâtre ; il perd tout-à-fait
» fa forme, &, en peu de tems, l'ani-
» mal difparoît totalement ; il ne refte
» de tout ce qu'il étoit qu'un tas de

» grains «. (Bazin. *Ibid.*)

B ij

Cet exposé suffit pour nous aider à découvrir ce que c'est que ces grains. Il y a long tems que l'importance dont on a vu qu'ils étoient à l'animal, auroit dû le faire soupçonner. Il faut qu'ils lui soient bien essentiels, puisqu'il ne peut subsister sans eux, & que la perte de ses grains est aussitôt suivie de celle de sa vie, qui, pour le dire en passant, avoit résisté à toutes les sections qu'on avoit pû imaginer, & exécuter sur un aussi petit objet.

Dire que ces grains sont les organes destinés à la nutrition, à l'accroissement & à la génération du Polype, c'est ce qui n'est guère probable, vû leur peu d'adhérence à la substance de l'animal, & leur facilité à s'en détacher : cependant toute cette substance n'est compofée que de ces grains, & d'une fimple peau, dont la capacité ne contient rien d'analogue à ces organes, & ne paroît deftinée qu'à recevoir les alimens propres à la nutrition, fans qu'on puiffe appercevoir de quelle maniere elle s'exécute, fi on en excepte un balottement qui s'y fait des alimens jufqu'à leur parfaite confommation. Il faut donc que le Polype foit privé de ces organes fi néceffaires à la vie, qu'on les retrouve dans tous les êtres vivans, ou que ces organes foient les petits grains mêmes que nous avons vû être pour lui d'une fi grande importance.

Mais fi j'avançois que ces grains font chacun en leur particulier un animal complet, & que ce que nous avons pris jufqu'à préfent pour le Polype même,

n'eſt que le fourreau ou la loge qui contient ces petits animaux; y auroit-il dans
cette idée quelque choſe qui choquât la
vraiſemblance ? Toutes les obſervations
qu'on a faites ſur ces inſectes, ne ſer-
vent-elles pas au contraire à l'établir ?
Ces petits grains, répandus tant ſur les
ſuperficies intérieure & extérieure que
dans l'épaiſſeur, leur peu d'adhérence &
leur mobilité, l'importance dont ils ſont
pour la conſervation du Polype, la pri-
vation certaine de parties vitales dans la
cellule membraneuſe qui le compoſe,
tant de circonſtances réunies ne concou-
rent-elles pas à démontrer l'exiſtence de
ces animalcules, & à dépouiller de ce
titre le ſac même qui les contient ?

Je ne crois pas qu'on ait à m'objecter
la petiteſſe de ces grains; pour leur re-

fuſer une organiſation propre : tout le monde ſait qu'il eſt des animaux d'une petiteſſe beaucoup plus exceſſive, & qu'il s'en trouve un nombre infini qui échappent à nos meilleurs microſcopes. Reſte donc à examiner ſi les obſervations qu'on a faites ſur les Polypes, s'accordent avec cette idée.

La premiere de ces obſervations m'apprend que les Polypes aiment la lumiere & la cherchent ; on ne leur a cependant point trouvé d'yeux, même avéc les meilleures loupes ; ce qui a fait conjecturer à nos Obſervateurs » que le corps » des Polypes étoit frappé de la lumiere » *dans toutes ſes parties* , comme le » nôtre l'eſt dans celles qui compoſent » notre œil «. (Bazin. *Ibid.*) Ce qui autoriſoit encore ce ſentiment, c'eſt

qu'après avoir coupé un Polype en deux
par le milieu du corps, les deux parties,
tant celle où étoit la tête, que celle qui
en étoit privée, placées dans un endroit
obscur, s'avançoient également vers la
lumiere. L'organe de la vûe est donc
incontestablement disperſé dans cet insecte, ſur toute l'étendue de ſon corps;
& c'est déja une preuve en faveur de
mon opinion. Nos Obſervateurs n'a-
voient garde d'attribuer cet organe aux
petits grains; nous verrons par la ſuite
à quel uſage ils les deſtinoient. Pour
moi, j'ai tout lieu de penſer que ces
petits grains ou animalcules ſont pourvus d'yeux; ainſi, non - ſeulement les
Polypes entiers, mais encore les frag-
mens de Polypes, ne manqueront pas
de chercher la lumiere, tant qu'il s'y
trouvera

trouvera de ces animalcules , puifque c'eſt dans les endroits éclairés que leur proie eſt la plus abondante.

Vous ſavez, Monſieur, que le Po-lype ne court point après ſa proie, qu'il lui tend ſeulement des embûches , au moyen de ſes longs bras qu'il étend de côté & d'autre , juſqu'à ce qu'il ſente quelque inſecte s'y engager : il l'entor-tille auſſi-tôt d'autant plus aiſément, que ces bras ſont enduits d'une eſpece de glu qui retient l'inſecte dans ſes filets : il l'attire à lui , & , malgré les efforts de ce dernier pour ſe débarraſſer , il eſt bientôt englouti & dévoré. Le Polype ayant l'eſtomac plein, ſon corps devient plus court, plus large, plus ramaſſé ; ſes bras ſe contractent ; il paroît alors ſans mouvement; mais, à meſure qu'il di-

C

gère, il reprend fa premiere forme.

Tout ceci s'accorde très-bien avec nos animalcules. Ce qu'on a pris pour le ventre du Polype, n'eft que l'intérieur du piége que ces petits animaux tendent à leur proie, & fans lequel il leur feroit impoffible de s'en rendre maîtres. Toujours attentifs à la moindre fecouffe que peuvent recevoir les filets qu'ils ont difperfés çà & là, ils travaillent de concert à ne point laiffer évader l'infecte imprudent qui s'y engage ; les uns l'attirent en haut, tandis que les autres cherchent à l'embarraffer dans de nouveaux liens ; &, par ce moyen, il eft rare qu'il leur échappe. Lorfqu'il eft rendu dans l'intérieur de leur piége, qui eft extrêmement flexible, il n'eft point étonnant, fur-tout fi la pêche a été abon-

dante, que ce sac se contracte, s'élar-
gisse & prenne à peu près la forme de
ce qu'il contient. Nos petits animaux,
occupés à tirer parti de leur butin, re-
tirent alors ces bras ou filets devenus
inutiles, & ne recommencent à les dé-
ployer que quand le sentiment de la
faim les sollicite à faire provision d'une
nouvelle proie.

Quant à la maniere dont s'opère la
digestion, nos Auteurs n'y ont remarqué qu'un balottement des alimens, qui
se fait du haut en bas & du bas en haut
de ce qu'ils appellent l'*estomac*, excepté
dans les cas où il étoit si plein, qu'ils
n'y ont pû appercevoir aucun mouvement sensible. » Cependant, ajoutent-
» ils, la digestion ne s'en faisoit pas
» moins. Lorsque les insectes dévorés

» avoient quelque partie écailleuse ;
» elle étoit rejettée ; mais leur chair
» étoit macérée & fondue, & le Po-
» lype en favoit extraire tout le fuc par
» une efpece de *fuccion* qu'ils attribuent
» à fon eftomac «. (Bazin. *Ibid.*) Si
les infectes fe trouvoient trop gros pour
pouvoir entrer dans fon ventre, ils étoient
de même *fucés par les lèvres*, & le Polype n'y perdoit rien.

Dans le fyftême de M. Trembley,
le Polype qui étoit, il n'y a qu'un inf-
tant, *tout œil*, eft actuellement *toute
bouche*, fi l'on peut s'exprimer ainfi :
au lieu qu'avec les animalcules que je
fuppofe, ces opérations fi différentes
s'expliquent d'elles-mêmes. Les alimens
une fois rendus dans cette gaîne creufe,
à laquelle on donne le nom d'eftomac,

font aussi-tôt tiraillés & sucés de toutes
parts par cette multitude de cirons qui
l'habitent, à moins que la quantité des
alimens ne leur épargne cette peine, &
ne leur fourniffe amplement de quoi fe
raffafier tous. On voit ici combien eft
peu fondé le reproche de voracité qu'on
fait au Polype. Une confommation &
une digeftion fi promptes n'ont rien de
fort furprenant dans cette foule d'êtres
animés, réunis fous le même toît, &
feroient prodigieufes dans un feul individu, tel qu'on s'eft repréfenté le Polype. D'ailleurs, fi le balottement qu'on
a remarqué eft néceffaire à la digeftion,
comment peut-elle s'opérer, lorfque ce
balottement n'a plus lieu par le trop de
réplétion ? Si l'on répond que c'eft par
cette efpéce de fuccion que l'eftomac &

les lèvres ſavent faire, je n'en demande
pas davantage : n'eſt - il pas alors de la
derniere évidence que ce ſont nos animalcules qui ſucent ces alimens, les
digérent, s'en nourriſſent, & en tirent
une ſubſtance propre à multiplier, & à
ſe conſtruire de nouvelles demeures,
lorſqu'ils ſont trop gênés par le nombre
dans la premiere. Les parties écailleuſes
de certains inſectes, étant trop dures
pour eux, ils les rejettent après en avoir
extrait tout le ſuc.

L'obſervation vient encore à l'appui
de ce que j'avance ; nos Auteurs aſſu-
rent, d'après les expériences les plus
exactes & les plus variées, que le ſuc
nourricier que les Polypes tirent de leurs
alimens, ſe loge dans ces grains mêmes
dont nous parlons, *qui en ſont*, diſent

ils, *comme les réfervoirs.* C'eft ce qui les a porté à croire que ces petits grains n'étoient autre chofe que des glandes deftinées à filtrer les liqueurs qui entretiennent la vie du Polype. Mais quelle apparence que ces grains qui , comme nous avons vû , font répandus dans toute l'habitude du corps du Polype , ne foient que des glandes ? Le Polype ne fera donc actuellement compofé que de glandes ; mais ces glandes , à peine y font-elles adhérentes , & d'ailleurs elles n'expliquent point comment la digeftion peut fe faire par leur entremife. N'eft-il pas plus naturel de les regarder comme autant d'animalcules qui fucent , digérent , voient & opérent , à l'aide du fourreau qu'ils fe font bâti , tous les mouvemens néceffaires pour leur confervation ? On conçoit à présent pourquoi ces petits grains conservent la couleur des alimens qu'ils ont sucés, long-tems après que le sac qui avoit reçu ces alimens se trouve vuide.

Nos Observateurs ont aussi remarqué que le Polype est si goulu, qu'il avale souvent, avec sa proie, celui de ses bras qui lui porte à manger ; il arrive même quelquefois, lorsqu'ils sont deux à se disputer un morceau, que le plus fort avale le plus foible avec la proie ; mais, quoique celle-ci soit promptement digérée, le Polype avalé est toujours rejetté sain & sauf, lors même qu'il a resté plusieurs jours dans le ventre de son concurrent ; un bras avalé est aussi rejetté sans aucune altération. De tout cela, on conclut qu'un Polype doit être une matiere abfolument indigefte pour un autre Polype. Cependant, qu'y a-t-il de plus facile à être digéré que ces petits grains, fi ce qu'on appelle l'eftomac du Polype en étoit réellement un, & qu'il s'y fît un mouvement périftaltique, femblable à celui qu'on remarque dans le corps des autres animaux ? Les Mille-pieds à dard, qui ne cédent en rien au Polype pour la dureté, y font promptement confommés. Il faut donc encore une fois reconnoître une autre caufe que celle de la digeftion, & je ne vois rien de mieux à y fubftituer que nos animalcules. Il n'eft pas rare de voir des animaux épargner ceux de leur efpece, tandis qu'ils font une guerre très-vive à ceux d'un autre genre. Lorfque ceux dont nous parlons tirent à eux leur proie, ils n'en veulent qu'à elle, & si elle se trouve déja saisie par un autre Polype, ils ont soin de le rejetter, s'il est le plus foible, parce qu'il ne feroit que les gêner dans leurs opérations, en occupant une place destinée à recevoir tout le butin qu'ils peuvent faire, & qu'ils n'ont nulle envie de partager avec une autre famille.

La longueur du jeûne qu'ils sont capables de supporter, n'a rien de plus admirable que celle que nous remarquons dans plusieurs autres insectes ; il est aisé de rendre raison de la diminution de substance du Polype, en supposant que les animalcules diminuent de volume, & que peut-être il en périt beaucoup d'inanition, sans qu'on puisse le remarquer ; mais ces pertes sont bientôt réparées, quand ils trouvent de la nourriture ; car leur fécondité tient du prodige : les fréquentes colonies qui abandonnent le tronc principal, en font une preuve convainquante.

Les phénomènes qu'offre la génération des Polypes, font d'autant plus frappans, qu'ils s'éloignent davantage de toutes les règles connues jufqu'alors. Qu'y a-t-il en effet de plus furprenant que de voir un animal produire fon femblable fans la participation d'un autre de fon efpéce ? Que de voir des petits fortir du corps de leur mere de plufieurs endroits à la fois, comme des branches, fans qu'il y ait pour cela de place fixe, la tête feule du Polype en étant exceptée ; &, pour comble de prodige, de voir ces petits en produire de nouveaux, lors même qu'ils font encore adhérens au côté de leur mere ? Il faut avouer que tant de merveilles ont de quoi nous furprendre ; mais auffi leur fingularité doit nous mettre en garde contre la réalité de leur exiftence. Sans vouloir prefcrire ici des bornes à la Nature, pourquoi la faire gratuitement fortir des loix qu'elle femble s'être impofées dans la génération de tous les êtres vivans ? Elle fait les varier à l'infini, fans commettre de fi grands écarts. Les infectes dont il eft ici queftion, font déja affez dignes de remarque, fans qu'il foit befoin de leur prêter des opérations auffi extraordinaires.

Voici donc à quoi peuvent fe réduire tous les prodiges que l'on a cru voir dans la génération des Polypes. Lorfque les animalcules qui habitent un de ces

fourreaux à longs filamens, qui leur sert
en même tems de naſſe & de filets pour
ſaiſir leur proie, ſe trouvent en trop
grand nombre pour y pouvoir ſubſiſter
à l'aiſe, ils ſe conſtruiſent à côté un ou
pluſieurs fourreaux ſemblables en tout
au premier, ce qui eſt ſans doute l'ouvrage de la nouvelle génération ; & ,
comme ils multiplient extrêmement
vîte, on en voit bientôt d'autres s'éle-
ver ſur ces derniers, juſqu'à ce que le
fourreau principal s'en trouvant ſur-
chargé, les animalcules qui ont profité
des alimens qu'ils tiroient par ſon
moyen, avant que le leur fût achevé,
ſe trouvent enfin en état de s'en paſſer,
en détachent leur fourreau, & vont ailleurs tendre leurs filets. Ils forment, à
leur tour, de nouvelles colonies, &

celles - ci d'autres avec une fécondité prodigieuse. En considérant nos insectes sous ce point de vûe, rien n'est plus aisé que de rendre raison de ce qui avoit paru le plus bizarre & le plus irrégulier dans leur maniere de vivre & de se produire.

On voit d'abord pourquoi ces fourreaux collatéraux naissent indifféremment sur toutes les parties du premier, excepté sur la tête, & quelquefois sur la queue : la tête, où sont les bras, est trop nécessaire pour pourvoir aux besoins de cette petite république, & la queue est le plus souvent attachée à quelque corps dur qui gêneroit la formation du nouveau fourreau.

On voit aussi pourquoi il n'est point de tems fixe pour la formation de ces fourreaux, pour leur accroissement, & pour le moment où ils doivent se séparer du fourreau principal ; tout cela dépend de la multiplication plus ou moins grande des animalcules, qui est elle-même réglée par le plus ou le moins d'alimens qu'ils peuvent saisir, & par l'influence de la saison. Quelquefois ceux qui occupent le fourreau principal, ne trouvant rien à butiner, les collatéraux l'abandonnent, & vont chercher fortune ailleurs.

On peut de même expliquer pourquoi, lorsque ces fourreaux sont encore adhérens l'un à l'autre, si les animaux de l'un font quelque prise, elle est aussi-tôt repartie entre tous les habitans des autres fourreaux. Comme ces fourreaux communiquent les uns aux autres, leurs animalcules ne forment alors qu'une seule & même société, où ils se font réciproquement part du fruit de leurs travaux : c'est ce qui occasionne cette repartition des alimens que nos Observateurs ont très-bien remarquée, & qui leur a paru si extraordinaire, qu'ils ont eu bien de la peine à en croire le témoignage de leurs propres yeux. » Il » étoit en effet bien surprenant de voir » (pour me servir de leurs termes) un » enfant qui n'a point encore achevé » de naître , nourrir déja lui seul sa » mere & ses freres, & partager avec » eux sa subsistance «. Mais ici tout ce merveilleux disparoît, & le Polype rentre dans la classe des animaux ordinaires, principalement de ceux qui vivent en société. Il est vrai que leur multiplication

cation étonnante n'en devient que plus prodigieufe. Si ceux qui ont obfervé ces animaux, n'ont vû qu'avec furprife un Polype devenir mere, grand'mere, bifayeule, au bout du mois, de plufieurs millions d'enfans ; que fera-ce fi chacun des individus qu'ils ont pris pour un feul infecte, alloit être un fourreau qui en contînt des milliers ? C'eft néanmoins ce que toutes les obfervations que nous venons de parcourir, paroiffent infinuer : voyons fi celles qui nous reftent à examiner, peuvent s'y rapporter avec le même fuccès.

Ces expériences, qui ne font pas les moins curieufes, démontrent, dans le fyftême de nos Obfervateurs, une nouvelle façon d'engendrer, qui, fi elle étoit véritable, pourroit paffer fans com-

tredit pour un des plus singuliers phénomènes de la Nature. Il ne s'agit, pour
en être témoin, que de prendre un Polype, & de le couper en deux ou plusieurs
parties, soit transversalement, soit dans
sa longueur ou de toute autre maniere,
de le hâcher, en un mot, aussi menu
qu'il est possible, pour en voir renaître
autant de nouveaux Polypes qu'on aura
fait de morceaux. Quand on se contente
de le couper en deux, la partie où la tête
est restée, marche & mange le même
jour ; la partie postérieure s'attache par
la queue au fond du vase où on l'a
mise, & se tient debout sur ce fond :
dans les premiers instans, les bords des
parties coupées font un peu renversés
en dehors ; mais, peu-à-peu, ils ren-
trent & se replient en dedans : on voit

bientôt renaître une tête à la partie poftérieure, & une queue à celle où la tête
eft reftée. Il a été impoffible d'appercevoir comment cela fe faifoit ; mais il
nous eft préfentement facile de le de-
viner. C'étoit une énigme dont voici le
mot. En fuppofant nos animalcules habitans de ce fourreau, pris lui même
pour un animal, il eft aifé de voir qu'on
peut partager ce fourreau en autant de
parties que l'on voudra, fans ôter la vie
aux animalcules qui y logent : à la vérité, ceux qui fe rencontreront fous le
tranchant du fer, périront ; mais il en
reftera toujours affez pour redonner à
leur étui fa premiere forme, & y ajouter ce qu'on en avoit retranché. La partie antérieure de ce fourreau marche &
mange le jour même de fa féparation,

D ij

parce qu'elle est déja pourvue des filets
néceffaires pour faifir & enlever fa proie,
& qui lui fervent en même tems à fe
tranfporter vers les lieux où elle fe trouve ; on doit donc retrouver en peu d'heu-
res cette partie auffi complette qu'elle
l'étoit avant la fection , comme cela arrive en effet : il n'en eft pas de même de
la partie poftérieure ; les animalcules
qui s'y trouvent confinés, n'ont rien à
efpérer jufqu'à ce qu'ils aient ajouté à
leur fourreau le plus effentiel ; ce font
ces bras ou filamens , fans l'aide defquels
ils ne peuvent faire aucune capture ; il
leur faut donc plus de tems pour en ve-
nir à bout , étant obligés de tirer les
matériaux néceffaires de leur propre
fonds , jufqu'à ce qu'ils foient enfin par-
venus à former ce qu'on appelle la tête

du Polype, & qui n'eſt, comme on le voit, que la tête de leur fourreau. C'eſt à quoi ſe réduiſent tous ces prodiges & ces métamorphoſes dont on a fait tant de bruit.

Mon deſſein, Monſieur, n'eſt pas d'entrer ici dans un plus grand détail à cet égard ; ce ſeul cas expliqué ſuffit pour rendre raiſon de tous les autres. Quelque petites que ſoient les fractions de Polypes, il ſera toujours facile aux animalcules qui y reſtent de ſe redonner un fourreau complet. Dans le cas où le fourreau que l'on diviſe, en a d'autres collatéraux, il ſera encore plus aiſé aux petits animaux qui s'y trouvent de le réparer, d'autant mieux que ceux qui habitent les collatéraux, leur feront part de leur ſubſiſtance.

A l'égard des bras coupés ou des portions de bras, s'ils ne reproduisent rien, c'est sans doute parce que les animalcules ne résident que dans l'étendue seule du fourreau : aussi les Observateurs ne disent point avoir vû de petits grains sur ces bras, qu'ils nous représentent comme des fils extrêmement déliés. L'usage auquel nous les savons destinés, doit nous répondre qu'il ne s'y trouve aucun de nos animalcules, & qu'ainsi ces filets ne doivent rien reproduire, quand on les a retranchés du fourreau auquel ils sont attachés.

Vous avez présentement, Monsieur, la solution des questions suivantes. Pourquoi un Polype, produit par la section d'un autre Polype, est-il d'une aussi bonne constitution que celui qui est né par la voie ordinaire ? Pourquoi a-t-il la même faculté générative ? Difons mieux, ces queftions ne font plus propofables. Il eft inutile, par la même raifon, de chercher pourquoi un Polype coupé dans fa longueur, &, pour ainfi dire, en lanieres, n'eft pas plus embarraffé que celui dont on s'eft contenté de faire deux tronçons ; pourquoi les bords des parties coupées fe contournent, fe roulent, fe rapprochent & fe réuniffent fi bien, qu'on ne voit aucune cicatrice. Il fuffit d'avoir dit que tout cela eft exécuté par ces petits animaux prefque imperceptibles, qui ont échappé au fer qui tranchoit leur ouvrage.

On a remarqué que les Polypes, tout invulnérables qu'ils font, n'étoient cependant point à l'abri de certains infec-

tes plats qui multiplient prodigieuſe-
ment ſur eux, qui s'y attachent, les ſucent, & les détruiſent enfin totalement.
Quand ils n'ont mangé que la tête & les
bras d'un Polype, cela n'eſt rien & ſe
répare ; mais, quand ils ſont en aſſez
grand nombre pour attaquer l'animal
par tous les bouts à la fois, ils l'ont bientôt anéanti. Cette obſervation vient encore à l'appui de ce que j'ai avancé ;
quand la vermine ne détruit qu'une partie des individus qui compoſent notre
petite république, ou quelques-uns de
ces filets qui leur ſont ſi utiles, le mal
eſt bientôt réparé par la prodigieuſe fécondité des habitans ; mais, ſi la vermine ſe trouve aſſez nombreuſe pour
faire une attaque générale, il faut bien
que nos animalcules y ſuccombent, &

alors

alors tout disparoît, jusqu'au fourreau même qu'ils habitoient.

M. Trembley a poussé les expériences jusqu'à retourner un Polype, de façon que ce qui étoit l'extérieur devînt l'intérieur. Cette opération ingénieuse, qui auroit renversé l'économie animale de tout autre être vivant, n'a cependant point altéré celle du Polype ; & pourquoi ? c'est qu'on a cru retourner un animal, & l'on n'a retourné qu'un fourreau qui en contenoit des milliers. Nous avons vû que la superficie intérieure & extérieure de ce fourreau, & l'épaisseur même, en étoient remplies ; ce renversement est donc fort peu de chose pour eux ; il n'intéresse tout au plus que les animalcules des petits fourreaux contigus au grand, qui, dans ce cas, sont

E

contraints de se retourner eux-mêmes pour se mettre dehors, & avoir le jeu libre de leurs filets.

Je n'aurois jamais fini, Monsieur, & je courrois risque d'excéder les bornes d'une simple Lettre, si je voulois parcourir toutes les expériences qu'une heureuse sagacité a suggérées à M. Trembley. Il me suffit de vous avoir montré que toutes concourent à favoriser mon opinion. De ce nombre sont celles qui nous apprennent que deux Polypes embrochés l'un dans l'autre ne se font point de mal, qu'au contraire le Polype extérieur mange & digère comme à l'ordinaire, & que souvent les deux n'en font plus qu'un. En un mot, pour peu qu'on veuille se donner la peine de comparer ces expériences avec les conséquences

que j'en tire, on avouera qu'il est étonnant que tant de circonstances réunies,
lesquelles cadrent si bien ensemble,
n'aient pas fait naître à nos Observateurs une idée qui paroît si simple & si
naturelle. J'avouerai néanmoins de bonne foi qu'elle ne me paroît pas sans dif-
ficultés ; mais les plus fortes présomp-
tions sont pour elle. Je ne prétends pas
non plus l'avoir mise dans tout son jour ;
j'en ai dit seulement assez pour exciter
nos Naturalistes à examiner de plus près,
s'il est possible, ces insectes curieux. Je
ne désespère pas que, malgré la petitesse
extrême de ces animalcules, on ne par-
vienne à y découvrir quelque mouvement qui leur soit propre ; si l'on est
assez heureux pour y réussir, la question

pourra paſſer pour décidée ; car on ne
doit pas ſe flatter d'aller beaucoup plus
loin ſur des objets d'une ſi grande té-
nuité, qu'ils ſe ſont dérobés juſqu'à ce
jour aux yeux les plus exercés & les plus
attentifs, armés des meilleurs microſcopes.

Ce que j'ai dit juſqu'ici des Polypes
d'eau-douce, doit auſſi s'entendre, juſqu'à un certain point, de ceux du Corail & des autres plantes marines, aux-
quelles on a donné depuis peu le nom
de *Polypiers*. Ces Polypes, qu'on y dé-
couvre de toutes parts, & qui ont été
pris ſi long-tems pour des fleurs, ne
ſont encore, ſuivant moi, que les fourreaux d'animaux infiniment plus déliés
qui les habitent, & qui en tirent à peu

près le même avantage que ceux de nos étangs tirent des leurs, en même tems qu'ils bâtiffent cette prodigieuse variété de Polypiers que nous admirons. Les ramifications en font dûes probablement à ces innombrables familles d'animalcules qui pullulent en forme de branches les unes sur les autres, comme nous le voyons dans nos Polypes d'eau-douce. On pourroit peut-être attribuer une origine à peu près semblable au *Tænia* ou *Ver folitaire* qui s'engendre dans le corps humain, & fur la nature duquel on est si peu d'accord. Ceci, au reste, n'est qu'une conjecture fondée fur quelque analogie que cet insecte paroît avoir avec le Polype d'eau-douce.

Je conviens qu'én établiffant cette

nouvelle claſſe d'animaux, je dépouille les Polypes d'eau-douce de ce qu'il y avoit en eux de plus ſurprenant. On n'y retrouve plus cet animal indéfiniſſable qui bravoit, pour ainſi dire, la mort ; que les inſtrumens les plus tranchans multiplioient au lieu de détruire ; qui ſe ſuffiſoit à lui-même, & ne reconnoiſſoit ni ſexe ni copulation ; ce nouvel hydre enfin plus merveilleux que celui de la Fable. Tous ces phénomènes diſparoiſſent pour faire place à des opérations moins étonnantes, mais, ſi j'oſe le dire, plus vraies & plus conformes aux loix ordinaires de la Nature. Malgré tout le prodigieux que j'en retranche, il en reſte toujours aſſez pour exercer notre curioſité, & j'ouvre un vaſte champ aux recherches de ceux qui se plaisent à prendre la Nature sur le fait, entre lesquels vous tenez, Monsieur, un rang des plus distingués.

J'ai l'honneur d'être, &c.

DEROMÉ DELISLE.

A Paris, ce

POST SCRIPTUM.

J'oubliois de vous dire, Monsieur, que mon système sur le Polype d'eau-douce différe à bien des égards de celui de quelques Auteurs qui ont déja avancé que *cet insecte n'est rien autre chose qu'une famille, une ruche d'insectes qui sont attachés l'un à l'autre, & qui se multiplient sans se quitter* (Lettre anonyme à M. le

Cat dans le Mercure de France, Janvier
1749.) Ces Auteurs, fondés sur les observations de M. Baker & de M. Fol-
ques, qui avoient crû remarquer, dans
la peau du Polype, des articulations &
des nœuds ; ces Auteurs, dis-je, ont re-
gardé ces articulations comme autant de
jonctions de plusieurs animaux en un,
d'où ils concluoient qu'en divisant un
Polype, on ne faisoit que détacher ces
différens individus. Il ne manquoit à ce
systême que d'être établi sur de plus so-
lides fondemens ; c'est ce que je crois
avoir exécuté. MM. Trembley, Réaumur, Jussieu, n'ont point apperçu, dans
la peau du Polype, les prétendues articulations qui faisoient la base de cette
hypothèse ; mais tous conviennent de

l'exiſtence des petits grains, qui ſont le plus ferme appui de celle que je vous préſente.

DE ROMÉ DELISLE.

J'ai lû, par ordre de Monseigneur le Vice-Chancelier, un Manuscrit intitulé *Lettre de M. Deromé Delisle, sur une nouvelle maniere d'envisager les manœuvres, la génération & la nature des Polypes d'eau-douce*; je n'y ai rien trouvé qui puisse en empêcher l'impression.

A Paris, ce 5 Janvier 1766.

MACQUER.